www.ingramcontent.com/pod-product-compliance
Lightning Source LLC
Chambersburg PA
CBHW080602220526
45466CB00010B/3228
* 9 7 8 1 6 8 9 6 8 0 6 7 7 *